REPLIQUE
A LA
RÉPONSE DU MAGISTRAT
DU PARLEMENT DE ROUEN,
SUR
LE COMMERCE DES BLEDS,
DES FARINES ET DU PAIN.

Avec des Notes de l'Éditeur.

M. DCC. LXIX.

REPLIQUE
A LA
RÉPONSE DU MAGISTRAT
DU PARLEMENT DE ROUEN,
SUR
LE COMMERCE DES BLEDS,
DES FARINES ET DU PAIN.

J'IGNORE, Monſieur, ſi le Gentilhomme des Etats de Languedoc à qui vous répondez, eſt à portée de recevoir votre lettre, & de lui repliquer (il le fera vraiſemblablement dès qu'il l'aura reçue); mais le ſujet que vous traitez eſt ſi important, & vos avis ſont ſi différens, qu'il m'a paru urgent de mettre au plutôt le Public en état de prononcer ſur cette grande queſtion. Ayant l'honneur d'être de la même province que celui pour qui je prends la parole, je me flatte qu'il trouvera bon que j'entre en lice en attendant. Je me ſervirai des mêmes armes qu'il emploiera, s'il combat : vous trouverez ſurement que je ne les manie pas auſſi bien que lui ; n'importe. Je ſacrifie mon amour propre pour vous tenir en haleine ; & ce ſera toujours peloter en attendant partie.

La diſcuſſion, dites-vous, page 1, *eſt le moyen le plus sûr de découvrir la vérité ; mais les partiſans de la liberté indéfinie ont paru juſqu'à préſent en faire peu de cas.* Si vous ne m'aſſuriez que vous avez lu tous les ouvrages des partiſans de la liberté illimitée du commerce, je croirois, Monſieur, que vous n'en connoiſſez aucun. Mais comment donc avez-vous lu ces ouvrages, puiſque vous accuſez leurs auteurs de faire peu de cas de la diſcuſſion ? Ils ne ceſſent de la demander ; il n'eſt preſque pas ſorti d'écrit de leurs mains, où il n'y ait une invitation de diſcuter, & un défi à leurs adverſaires : c'eſt un défi qui vous met à vous-même la plume à la main. Sur quel fondement donc avancez-vous qu'ils veulent *éviter toute diſcuſſion*, qu'ils ne veulent *qu'en impoſer par leurs maximes qu'ils ſoutiennent être inconteſtables ?* Il eſt ſi aiſé de ſe convaincre de la fauſſeté de ce reproche, qu'il eſt bien à craindre pour vous, que ſi la ſuite de votre lettre n'eſt pas mieux fondée, le

Public ne vous laisse seul *persistant dans votre façon de penser ; car vous êtes convaincu que vous y resterez* quelques bonnes raisons qu'on vous donne. Je ne chercherai point à pénétrer les motifs qui vous déterminent à assurer que vous ne changerez point d'avis ; vous les cachez, je les respecte : mais je vous certifie que vous avez mal jugé ces partisans de la liberté illimitée du commerce, en présumant qu'ils étoient déterminés, comme vous, à ne changer jamais d'avis. Non, Monsieur ; ils sont attachés à leur sentiment, parceque la vérité leur en paroît démontrée : & si par la discussion qu'ils demandent sans cesse, on parvenoit à leur en faire voir le faux, ils l'avoueroient hautement, remercieroient ceux qui les auroient détrompés, & se féliciteroient même d'avoir avancé des erreurs qui auroient conduit à la découverte de la vérité. C'est cette vérité, que la discussion doit faire connoître, qu'ils veulent embrasser, qu'ils désirent qu'on embrasse ; & vous les avez affligés véritablement en assurant que, quel que soit l'événement de la discussion, *vous étiez convaincu que vous persisteriez dans votre façon de penser.* Cette disposition seroit blâmable dans tout homme :

que voulez-vous qu'on penſe d'un Magiſtrat qui l'affiche ?

Vous reconnoiſſez, page 5, *que le commerce des grains doit jouir de la plus grande liberté dans l'intérieur du royaume;* mais *quant à l'exportation des grains dans les pays étrangers*, vous ne la croyez *bonne & avantageuſe au royaume, que lorſqu'elle eſt reſſerrée dans des bornes raiſonnables, & qu'elle n'eſt pas pouſſée trop loin.*

(*a*) Vous penſez donc comme nous ſur le commerce des grains dans l'intérieur du royaume ? c'eſt déja un point de gagné. Mais pourquoi n'avez-vous pas enviſagé l'exportation dans le pays étranger, ſous le point de vue que nous la préſentons, c'eſt-à-dire, accompagnée de l'importation ? Vous l'auriez vue alors reſſerrée dans des bornes raiſonnables, & vous auriez ſenti qu'elle ne pouvoit pas être pouſſée trop loin. Nous ne diſons, ni pour le Languedoc, ni pour les autres provinces, que la liberté de l'exportation ſeule doit être illimitée; mais nous demandons pour tout le royaume, que la liberté du commerce des grains ſoit illimitée, ou, ce qui eſt la même choſe, la liberté illimitée d'exportation & d'importation. Pourquoi faiſons-nous cette demande? Afin, 1°. que les grains ſoient vendus au meilleur prix poſſible par la concurrence des acheteurs, effet de l'exportation ; & voilà l'intérêt des cultivateurs : 2°. afin que les grains ſoient tenus au meilleur marché poſſible par la concurrence des vendeurs, effet de l'importation ; & voilà l'intérêt des conſommateurs. Il n'eſt que la liberté illimitée du commerce qui puiſſe procurer ce double avantage ; & voilà auſſi *les bornes raiſonnables* que doit avoir l'exportation : la liberté du commerce les poſe, par l'importation, d'une main auſſi ſure que juſte. Mais ce ne ſont pas là les bornes que vous voulez : vous ne les trouvez ſures que lorſqu'elles ſont dans les mains de la Police ; c'eſt à-dire que vous ne les trouvez ſures que lorſqu'elles ſont variables, arbitraires, dépendantes des faux rapports, des menées ſourdes, des pratiques inſidieuſes, des vues courtes, des intérêts bien calculés pour quelqu'un, & mal entendus pour le peuple. Quoi ! Monſieur, vous êtes Magiſtrat, & vous ignorez, ou vous oubliez, qu'on peut en impoſer à la Police ! qu'il eſt des gens intéreſſés à la tromper ! qu'elle peut avoir des agens mal intentionnés ! vous êtes

Magiſtrat, & vous voulez modifier, régle-menter ce qui ſe modifie tout ſeul, ce qui ne peut être aſſujetti qu'aux loix des beſoins réciproques de vendre & d'acheter ! Non, Monſieur, vous ne perſiſterez pas dans votre façon de penſer, ſi vous êtes Magiſtrat, parceque d'un côté vous entendrez le Cultivateur qui vous dira : » La Providence a » accordé des fruits à mes travaux ; c'eſt de » ſa main bienfaiſante que je tiens le droit » de les vendre, quand, à qui, & comme » il me conviendra «. Et d'un autre côté le Journalier ne ceſſera de vous dire : » Si vous » voulez que j'aie du pain, laiſſez venir » tous ceux qui peuvent m'en vendre ; c'eſt » le moyen de me le procurer au meilleur » marché poſſible «.

Vous dites, Monſieur, page 6, *qu'en formant une année commune d'un grand nombre d'années ſucceſſives, tel que vingt ans, il en réſultera la preuve que le bled ſe vend généralement plus cher en Languedoc qu'en Normandie.*

Cette phraſe, toute courte qu'elle eſt, renferme deux objets très différens, & qui méritent d'être diſcutés ſéparément. D'abord, vous croyez qu'en formant une année commune d'un grand nombre d'années, il en résulte un prix commun. Mais de quel prix commun parlez-vous? Est-ce du prix commun pour le vendeur, ou du prix commun pour l'acheteur? Savez-vous que ces deux prix n'ont rien de commun, & qu'ils sont très différens? Sans doute; le prix commun de l'acheteur ne se forme que du résultat des prix de plusieurs années, parcequ'il a acheté des quantités égales dans la même suite d'années : mais le prix commun du vendeur, qui recueille & qui vend chaque année des quantités différentes & à différens prix, ne peut être formé que sur la double différence des prix & des quantités; ce qui donne un résultat très différent de celui de l'acheteur. Voilà sans doute ce à quoi vous n'avez pas pensé en voulant former un prix commun. Je ne pousserai pas plus loin mes réflexions sur cet article : vous trouverez la démonstration de leur solidité dans l'Essai sur l'amélioration des terres, à l'article du débit des grains, page 216 & suivantes. Venons maintenant à ce qui regarde le Languedoc & la Normandie. Ne conviendrez-vous pas que, s'il pouvoit être avantageux pour une province quelconque, que le bled se vendît chez elle à bon marché, certainement cette province auroit grand tort de solliciter une loi qui devroit, selon vous, le rendre plus cher; & ce tort seroit encore plus grand pour cette province, si le bled y étoit déja généralement plus cher qu'ailleurs : & voilà, de votre aveu, la position du Languedoc. Mais, Monsieur, c'est qu'il n'est pas question de vendre le bled cher; il ne s'agit que de lui procurer un bon prix & un prompt débit. Ce bon prix ne s'acquiert que par la concurrence des acheteurs, effet de l'exportation; & voilà pourquoi les Etats de Languedoc sollicitent la loi qui doit leur procurer cette concurrence, & la sollicitent sans craindre ni cherté ni disette, parcequ'ils savent que l'importation s'opposera (*b*) à ces effets désastreux, en procurant concurrence de vendeurs; & voilà pourquoi je pense avec le Gentilhomme Languedocien qui vous a écrit, que la Normandie est encore plus intéressée que le Languedoc au maintien & plein effet de la loi qui donne la liberté illimitée du commerce des grains, & que par conséquent la Normandie devroit la solliciter vivement, loin d'en désirer une contraire. Pourquoi ? Parceque, 1°. la Normandie est une province très fromenteuse, & environnée de provinces qui le sont aussi, qui peuvent aisément importer chez elle; 2°. parceque la Normandie est très à portée des royaumes du Nord, qui en feroient autant s'ils en avoient la liberté, puisque tout le monde sait qu'ils recueillent plus de bled qu'ils n'en peuvent consommer ou vendre, & qu'ils sont obligés d'en faire des eaux-de-vies, ce qui, par parenthese, retarde la progression de nos vignobles; car si les étrangers nous vendoient leur bled, ils acheteroient nos eaux-de-vies. Et voyez comme tout se tient : on croit ne nuire qu'aux laboureurs en arrêtant la libre circulation de leurs grains, & on nuit par contre-coup aux propriétaires des vignes, en empêchant la vente de leur produit.

Après être convenu que le bled étoit généralement plus cher en Languedoc qu'en Normandie, vous observez, page 8, *que depuis le mois de Mars 1765, le bled ne s'est jamais vendu, dans les marchés de Toulouse & de Montauban, aussi cher qu'il se vend présentement dans celui de Rouen.*

Que deviéz-vous conclure d'abord, Monsieur, de cette observation? Qu'il y avoit une cause qui avoit occasionné cette cherté à Rouen ; que cette cauſe n'étoit pas l'exportation, puiſque la cherté eſt beaucoup plus grande depuis que l'exportation eſt interrompue en Normandie, & que l'exportation qui a toujours continué en Languedoc, y a produit un effet contraire, puiſque le bled y eſt à meilleur marché qu'à Rouen. Vous auriez dû chercher la cauſe de ce renchériſſement en Normandie, & vous l'auriez trouvée dans les prohibitions arbitraires qui gênent le commerce des grains, qui éloignent de la Normandie les marchands de bled, & n'y appellent que les monopoleurs qui, toujours prêts à augmenter les terreurs paniques, ne fourniſſent un peu de pain au peuple qu'en aſſouviſſant la plus déteſtable cupidité. Voulez-vous faire ceſſer cette tyrannie du monopole, & procurer du pain au meilleur marché poſſible ? laiſſez accourir de tous côtés les marchands de bled ; le beſoin de pain vous aſſure leur concurrence dès qu'ils ſeront ſurs de la liberté, & leur concurrence vous garantit le meilleur marché.

Permettez que j'ajoute que, ſi vous vouliez faire une comparaiſon du Languedoc avec la Normandie, il eût été juſte de ne pas choisir les deux villes du Languedoc où le bled est communément à meilleur marché, parcequ'elles sont situées dans la partie de la province la plus fromenteuse ; & alors il auroit fallu parler de Nîmes & de Montpellier. La justice vouloit aussi que la ville de Rouen ne fût pas citée seule, comme si toute la Normandie étoit dans le même cas que la ville de Rouen. Mais vous aviez sans doute vos raisons pour ne pas faire ce double choix ; vous n'en tirerez pourtant pas l'avantage que vous en attendiez, parceque, comme je viens de vous le dire, la cherté qu'éprouve présentement la ville de Rouen, ne vient point de la liberté du commerce des grains, puisque cette liberté n'a jamais existé à Rouen, & que l'exportation n'existe plus depuis vingt mois, & que depuis cette interruption de l'exportation, la cherté est beaucoup augmentée. Cet événement vous conduira à trouver aisément pourquoi le bled est actuellement moins cher à Toulouse, à Montauban, & dans tout le Languedoc, qu'il n'est à Rouen ; c'est parceque le Languedoc a tenu une conduite toute opposée à celle de la Normandie. La liberté du commerce des grains n'y a souffert aucune atteinte; l'importation y a balancé les effets de l'exportation. Le bled n'y eſt pas cher, mais il a un bon prix, & ce prix eſt preſque conſtamment égal. Voilà, Monſieur, le produit de la liberté, dont la ſuite néceſſaire eſt, 1°. le progrès de l'agriculture par les défrichemens ou les cultures mieux entendues & perfectionnées, 2°. l'augmentation & la certitude des ſalaires; car, vous le ſavez, c'eſt de là que viennent tous les ſalaires : & je ne puis vous cacher ma ſurpriſe ſur toutes les inconſéquences de vos raiſonnemens à cet égard. Jettez des yeux attentifs ſur le Languedoc, comparez ſa ſituation actuelle avec celle qui a précédé la liberté, & vous jugerez ſi j'impute à la liberté des effets qu'elle ne produiſe pas.

La Normandie, dites-vous, page 9, *ne connoiſſant que la récolte du froment, & le peuple n'y ayant pas d'autre reſſource pour ſa ſubſiſtance, le journalier y a le plus grand intérêt à avoir à bas prix une denrée qui lui eſt ſi néceſſaire.*

Puiſque la Normandie ne connoît que la récolte du froment, & que le froment eſt la ſeule reſſource du peuple pour ſa ſubſiſtance, il me ſemble que le premier & le plus grand intérêt du peuple eſt de s'aſſurer d'abord qu'il aura toujours du froment. Or, comment peut-on s'aſſurer d'avoir toujours du froment, ſi ce n'eſt en favoriſant autant qu'il eſt poſſible la culture du froment? Et comment peut-on favoriſer cette culture, ſi ce n'eſt en procurant au froment une valeur, qui non ſeulement dédommage les cultivateurs de leurs avances, mais les paie de leurs peines, & ne leur laiſſe pas craindre de voir périr dans leurs greniers le fruit de leurs travaux? Or, qu'eſt-ce qui donne au froment cette valeur qui eſt le véhicule de ceux qui le cultivent? c'eſt le bon prix. Qu'eſt ce qui procure ce bon prix? c'eſt la liberté ſeule du commerce des grains. Mais *l'intérêt du journalier eſt d'avoir à bas prix une denrée qui lui eſt ſi néceſſaire.* Non, Monſieur, l'intérêt du journalier eſt de travailler & d'avoir un bon prix de ſon travail. Or, qui fera travailler le journalier? qui lui donnera un bon prix de ſon travail, ſi la ſeule récolte qu'il connoiſſe n'a qu'un mince produit? C'eſt le bon prix de la récolte qui aſſure au journalier un bon prix de ſon travail, & c'eſt le bon prix de ce travail qui aſſure au journalier la denrée qui lui eſt ſi néceſſaire. Mais le bled eſt cher en Normandie, & le journalier, ou n'y trouve pas à travailler, ou il y est mal payé de son travail. C'est ce qui doit arriver fréquemment par-tout où la liberté du commerce des grains n'aura pas lieu. Pourquoi? Parceque les prévoyances mal entendues, ou les manœuvres, attireront des chertés, & qu'alors les gens riches & les aisés se retranchent de leur superflu. A qui nuit ce retranchement? Au journalier qui, ou ne trouve pas à travailler, ou est forcé de travailler au rabais; ce qui ne lui donne pas de quoi se procurer une denrée si nécessaire: & voilà la position actuelle de la Normandie. Mais si la liberté du commerce des grains y étoit une fois bien établie, le prix des grains seroit non seulement bon, mais constamment bon; de cette bonté & de cette constance de prix résulteroient des facultés réelles & constantes de faire travailler, & le prix du travail seroit également bon & constant; ce prix bon & constant procureroit au travailleur une denrée qui lui est nécessaire. Les journaliers ne jouissent pas de cet avantage en Normandie, parceque les prohibitions, en arrêtant la liberté, font augmenter

le

le prix des ſubſiſtances & diminuer les ſalaires.

Vous vous élevez, Monſieur, page 15, contre un fait avancé par le Gentilhomme Languedocien; & non content de nier ce fait, vous faites une ſortie contre tous les partiſans de la liberté du commerce, vous les accuſez de haſarder des faits. Le fait cité eſt donc faux? & pluſieurs partiſans de la liberté du commerce ont fait de fauſſes citations? Examinons ce que porte la lettre du Gentilhomme Languedocien. Voici votre propre citation : *L'Angleterre n'a jamais eu de diſette depuis 1685 juſqu'en 1764, &c.* Pour que ce fait ſoit faux, il faut que l'Angleterre ait éprouvé des diſettes pendant cet intervalle; voilà ce que vous avez à prouver. Pour en venir à bout, vous renvoyez à l'*Eſſai ſur les Monnoies, de M. Dupré de S. Maur*; & au *Dictionnaire du Commerce de M. Portlewait, art. Corne:* & vous ajoutez, ſans doute d'après ces auteurs : *Les chertés de 1693, 1694, 1709, 1725 & 1740, ſe ſont fait également ſentir en France & en Angleterre.* Arrêtons-nous ici d'abord, non ſur la fauſſe citation du Gentilhomme Languedocien, mais ſur votre propre méprise. Examinez vos expressions & les siennes, & vous verrez qu'elles ne sont pas les mêmes ; que vous confondez le mot *disette* avec le mot *cherté*. Réfléchissez (*c*), & vous verrez qu'ils ne sont point du tout synonymes ; vous sentirez qu'il n'y a jamais de disette sans cherté, mais qu'il peut y avoir cherté sans disette ; vous conviendrez qu'on a pu dire avec vérité, qu'il n'y avoit pas eu de disette en Angleterre, quoiqu'il soit vrai qu'il y ait eu des chertés ; & vous avouerez par conséquent que le Gentilhomme Languedocien n'a pas hasardé un fait faux. Et comment en effet voudriez-vous accorder des disettes en Angleterre, avec l'exportation qui n'a pas cessé d'être favorisée & récompensée pendant tout ce tems-là ? Certainement, si la disette s'étoit fait sentir en Angleterre, le premier moyen qu'on auroit employé pour la faire cesser, auroit été d'interdire l'exportation : vous en conviendrez. Mais ce n'est pas sur la seule confusion des mots *disette* & *cherté* que je dois vous arrêter : permettez-moi de vous faire encore observer que vous vous trompez en assurant que *les chertés se sont fait également sentir en France & en Angleterre* ; & ce sera par vos propres paroles que je vais vous en convaincre. Vous dites, page 16, que *le bled a été porté dans les marchés de Londres à plus du double de l'année commune.* Afin de pouvoir dire que les chertés ont été égales en France & en Angleterre, il faudroit que le prix du bled en France n'eût pas excédé le prix du bled en Angleterre. Informez-vous des faits, Monſieur, & vous ſaurez que le prix du bled a quadruplé, quintuplé, & même ſextuplé en France. Si, après cela, vous voulez dire que les chertés ont été égales en France & en Angleterre, vous voudrez bien ne pas vous ſcandaliſer ſi j'applique aux adverſaires de la liberté, ce que vous avez dit de ſes partiſans : *Ils nient des faits, & en haſardent avec une confiance qui ſemble interdire toute replique. Ce ton impoſant doit contribuer à diminuer le nombre de leurs partiſans*, parcequ'on verra aiſément *qu'ils n'ont pas aſſez réfléchi ſur l'exportation des grains, ni lu avec aſſez d'attention les écrits qui ont été faits pour éclaircir cette importante matiere.*

Vous avancez, Monſieur, page 17, *que les Normands ont exporté pendant trois ans du bled en Angleterre*; que l'argent que ce commerce a produit *a été distribué entre les propriétaires & les gros cultivateurs*, & que cependant *les salaires n'ont point été augmentés*. Si j'exigeois de vous la rigoureuse exactitude, je pourrois bien trouver quelque chose à retrancher à ces trois ans d'exportation; mais je les passe pour en venir à des réflexions plus nécessaires & plus importantes. Quoi, Monsieur! vos propriétaires & vos gros cultivateurs ont plus de moyens qu'ils n'en avoient précédemment, & cependant les uns font moins de dépense, & les autres n'ont pas cherché à étendre & à améliorer leur culture! Ce fait paroît incompréhensible : mais puisque vous l'assurez, il faut qu'il soit vrai, & qu'il soit vrai aussi que tous vos propriétaires sont des avares, & vos cultivateurs des mal-adroits. Disons mieux & plus vrai, Monsieur : l'argent que vous dites être passé entre les mains des propriétaires & des gros cultivateurs, est resté entre les mains des monopoleurs qui ont fait tout le commerce des grains en Normandie, parceque la liberté du commerce des grains n'y a jamais été illimitée, & que par conséquent ni vos propriétaires ni vos cultivateurs n'ont pu tirer le fruit d'une position qui n'a pas existé; &

par une ſeconde conſéquence, les ſalaires ont diminué, parceque le monopole ayant fait renchérir le bled, on s'eſt retranché ſur le ſuperflu pour fournir au néceſſaire. Si l'importation avoit accompagné l'exportation en Normandie, elle auroit empêché tous les mauvais effets dont vous vous plaignez; parceque ſi l'une eût appellé la concurrence des acheteurs, l'autre eût attiré la concurrence des vendeurs, ce qui ne produit ni diſette, ni ſurabondance, ni cherté, ni vil prix, mais bon prix & bon débit: & rien n'eſt plus déſirable tant pour les cultivateurs que pour le peuple, puiſque le bon prix fomente la culture, & aſſure des ſalaires au journalier, qui en manque lorſque la denrée eſt à vil prix.

Vous ne vous attendez pas ſans doute, Monſieur, que je cherche à juſtifier les partiſans de la liberté illimitée du commerce, ſur le reproche que vous leur faites de parler avec mépris de M. Colbert & des Miniſtres de Louis XIV. Le reſpect que nous devons & que nous avons tous pour ceux qui ont exercé ou qui exercent l'autorité de nos maîtres, eſt aſſez connu pour que votre reproche ne nous faſſe aucun tort. Mais cette accuſation sera-t elle du bien à votre cause? & le nom de Colbert, que vous mettez dans la balance contre nous, peut-il la faire pencher vis-à vis de la précision du calcul & la rigueur de la démonstration? Ou notre opinion est fausse, ou elle est vraie : si elle est fausse, le nom de Colbert n'en est pas la démonstration; si elle est vraie, M. Colbert, quelque grand ministre qu'il ait été, ne la fera pas changer : ce sera un grand homme qui se sera trompé; il ne sera pas le premier. Vous avouez déja vous-même qu'il s'est trompé en introduisant des gênes & des contraintes dans le commerce intérieur de province à province : cette erreur que vous lui reprochez, est la mere de celle que nous combattons.

Je ne transcrirai pas ici les pages 21, 22 & 23 de votre lettre, où d'abord vous semblez vous rapprocher de nous, & où ensuite vous abandonnez notre doctrine, faute, permettez-moi de vous le dire, de vous être appliqué à la digérer : je me contenterai de vous prier de ne jamais séparer l'importation de l'exportation, quand vous vous occuperez de la liberté du commerce des grains. Elles doivent partir ensemble, & ne jamais être ſéparées; les effets de l'une ſont le contre-poids de l'autre : quand on les enviſage ſéparément, ce n'eſt plus la même choſe; elles produiſent dans l'eſprit le même effet qu'une balance fait aux yeux quand on lui ôte un de ſes plateaux; celui qui reſte ſe précipite avec violence : qu'on le remette à ſa place, l'équilibre ſe rétablit. Qu'on ſe ſerve donc de notre balance; qu'on ne touche jamais à aucun des plateaux, l'équilibre ſe ſoutiendra toujours; c'eſt une loi de la nature. Parler de l'exportation ſans faire attention à l'importation, c'eſt faire un plaidoyer pour un ſeul côté; c'eſt ce que vous avez fait. Croyez-vous qu'on puiſſe juger d'après vous ſur cette démarche?

Les faits que vous alléguez, pages 24, 25 & 26, vous paroiſſent contradictoires à l'expérience citée par le Gentilhomme Languedocien : mais, de bonne foi, le ſont-ils? L'exportation a été permiſe & pratiquée en Normandie : mais l'a-t-elle été, comme vous le dites, pendant quatre ou cinq ans? Vous ajoutez qu'il y a eu bonne vente. Si vous entendez par bonne vente la cherté actuelle, nous vous l'avons dit, Monſieur, celle-là eſt du genre des bonnes ventes, qui retranche ou fait baiſſer les ſalaires du peuple. De plus, l'importation a-t-elle été permiſe ? a-t-elle été illimitée comme nous la demandons ? Vous ne pouvez pas le dire, puiſqu'elle eſt très reſtreinte par l'édit même qui la permet. Donc les faits que vous alléguez ne prouvent rien contre l'expérience du Languedoc où l'agriculture a fait des progrès, & où les ſalaires n'ont point manqué, parceque la liberté du commerce s'y eſt ſoutenue ; & qu'au contraire les ſalaires manquent en Normandie, & l'agriculture n'y eſt pas améliorée, parceque cette même liberté du commerce y a ſouffert les plus grandes contradictions.

Je voudrois ſavoir, dites-vous (*d*) pag. 28, *ce que vous entendez par taux moyen* du prix du bled. Il eſt juſte de vous ſatisfaire, Monſieur. Nous entendons par *taux moyen*, le prix que le bled acquiert par la liberté du commerce des grains, qui eſt le prix commun entre les nations commerçantes ; condition la plus eſſentielle du bon prix, qui ne réſulte que de la double concurrence des vendeurs & des acheteurs. Vous voyez que notre définition du taux moyen eſt bien différente de la vôtre. Nous avons trouvé, en la cherchant, un très grand avantage; c'eſt que ce taux n'eſſuie preſque pas de variation : autre condition auſſi eſſentielle, parce-qu'elle communique aux ſalaires la même invariabilité. Or, j'imagine qu'un moyen qui aſſure l'abondance des ſubſiſtances, l'accroiſſement de la culture, des ſalaires aux journaliers, qui ne peut eſſuyer d'autre variation que celle que le *mieux* apporte naturellement au *bien*; que ce moyen, dis-je, vous paroîtra préférable à tout ce que peuvent produire & apprendre *les réſultats des regiſtres de Police.*

Je crois, dites-vous page 32, *avoir ſuffiſamment démontré que la cherté des grains n'a été en aucune façon profitable aux peuples de notre reſſort.* Oui, Monſieur, vous l'avez démontré; & votre démonſtration a même plus d'étendue que vous ne le dites, car elle prouve auſſi que vous avez eu cherté dans un tems où vous n'avez pas joui de la liberté illimitée du commerce, puiſque cette liberté doit néceſſairement empêcher les chertés, & que la meilleure preuve qu'on puiſſe donner qu'il n'y a pas eu de liberté dans un pays, c'eſt de prouver qu'il y a eu cherté :

& voilà pourquoi alors cette cherté ne peut pas être profitable, si ce n'est aux monopoleurs; puisque, comme nous l'avons dit & répété, le profit ne vient pas de la cherté, mais du bon prix obtenu par la concurrence illimitée des vendeurs & des acheteurs.

Votre Parlement doit demander *que toute exportation étrangere soit interdite, lorsque la valeur du bled sera parvenue à neuf francs le quintal.* Dieu préserve votre Parlement, Monsieur, d'obtenir ce qu'il doit demander! car alors vous auriez non seulement des chertés, mais même de fréquentes disettes. Ne voyez-vous pas combien il seroit facile alors aux monopoleurs de porter le bled à ce prix? combien il leur seroit aisé de se rendre maîtres de la denrée, & de la faire payer ensuite au peuple le prix qu'ils voudroient? Ah, Monsieur! que le Parlement de Rouen imite ceux de Provence & de Dauphiné! qu'il se réunisse aux Etats de Languedoc pour demander qu'on ne fixe point de prix, & qu'on accorde la liberté la plus illimitée, la plus invariable & la plus immune à l'exportation & à l'importation; & il verra avec la plus grande satisfaction, que les regnicoles & les étrangers s'empresseront d'acheter du bled dans son ressort, lorsqu'il y sera à plus bas prix que dans tous les marchés de l'Europe, & d'y en apporter lorsqu'il y sera plus cher! Que le commerce du bled puisse se faire librement & surement dans le ressort du Parlement; l'intérêt, le premier & le plus grand mobile des hommes, vous garantit qu'on ira chez vous, comme par-tout ailleurs, pour vendre ou pour acheter, lorsqu'il y aura du profit à espérer.

Puisque les moulins bannaux de Rouen appartiennent au Corps de ville, je suis bien étonné qu'ils ne soient pas encore en état de moudre économiquement. Un Corps de ville peut-il balancer de saisir tout ce qui peut être utile aux habitans? Quoi! le pain est très cher à Rouen, la mouture économique peut en diminuer le prix au moins d'un quart, l'usage que l'Hôpital général de Paris fait de cette mouture est connu, comme le bénéfice qui en résulte; & on differe d'adopter cette méthode! & vous croyez qu'il faut beaucoup de tems pour l'établir! Je vous l'avoue, c'est une énigme que je ne comprends pas. Le voyage de Lambert, meûnier de Pontoiſe, a fait peu de bruit, me dites-vous; mais la lettre du Gentilhomme Languedocien n'eſt pas ignorée, il y a trois mois qu'elle eſt publique. J'aime à croire qu'on a fait des démarches pour s'aſſurer des faits qu'elle articule, & je ſuis perſuadé que le zele du Parlement de Rouen & ſon amour pour les peuples de ſon reſſort ne lui auront rien laiſſé négliger de ce qui peut adoucir la cruauté de leur ſituation.

Je ne diſcuterai, Monſieur, ni les citations que vous faites des gazettes, ni les relevés des regiſtres de Police que vous ajoutez; ces citations & ces relevés, portant ſur un tems où la liberté que nous reclamons n'a pas eu lieu, ne peuvent rien prouver contre elle : tout ce qui peut en réſulter, c'eſt la preuve des variations que le monopole fait introduire par l'abus des préférences qu'il a l'art de ſe procurer; ce qui ne peut jamais arriver ſous l'empire de la liberté illimitée du commerce des grains.

Je ſuis de votre avis, Monſieur; on feroit très bien, dans toutes les diſcuſſions, de n'employer que les expreſſions les plus ménagées : mais vous conviendrez auſſi qu'il eſt des sujets qui enflamment plus les uns que les autres. Celui que nous traitons, par exemple, ne peut pas être discuté froidement : la prospérité de l'Etat, le bien-être du peuple ; est il des objets plus intéressans ? Toute l'ame reflue dans le cœur ; c'est là qu'elle pense, réfléchit, pese, combine ; toutes ses opérations sont un sentiment. Quelles délices pour un cœur bienfaisant de travailler pour le bonheur des hommes ! mais quelle amertume quand il trouve des obstacles ! Toute représentation lui paroît opiniatreté ; toute objection, mauvaise volonté ; toute résistance, un crime : plus il a le sentiment affligeant de l'état malheureux du peuple, plus il est pénétré de la bonté de sa cause & de l'utilité de ses moyens, & plus il est indigné contre ceux qui, en les rejettant, s'opposent au soulagement des malheureux. Voilà la position où se trouvent les partisans de la liberté illimitée du commerce des grains : ils voient évidemment tout le bien que l'Etat peut retirer de cette liberté ; ils ont sous les yeux tous les maux dont l'humanité a été & continue d'être la victime sous le regne des prohibitions & de l'arbitraire : pourroient-ils traiter avec douceur ceux qui reclament la ſource de tant de malheurs ? Ils feroient mieux ſans doute de ſe borner à les plaindre, & de tâcher de les éclairer; mais le cœur ne raiſonne pas toujours : pour prouver qu'il aime les hommes, il croit pouvoir ſe permettre des ſorties contre ceux qui lui paroiſſent ne pas montrer le même ſentiment.

NOTES

Sur la Replique à la Réponse du Magistrat de Normandie.

(*a*) LE Magistrat de Normandie conviendra sans doute que le moyen le plus infaillible d'assurer au monopole toute la force destructive dont il est susceptible, c'est de contraindre le consommateur à n'acheter qu'en certains lieux ou à certaines personnes : il conviendra sans doute aussi qu'une telle gêne attente directement contre le droit le plus sacré qu'il ait reçu de la nature, en l'exposant au danger de ne pouvoir exécuter la loi de pourvoir à sa conservation de la maniere la plus prompte, la plus sure & la plus facile ; devoir auquel on ne peut fixer d'autres limites que le droit d'autrui ; devoir dont il ne peut se reposer sur personne, parceque son exécution est le principe de tous ses droits ; devoir sur lequel il ne lui est pas permis d'accepter aucune loi de modification, parceque ses droits ne sont autre chose que ses devoirs, & que pour les uns & pour les autres, il est également sous la main puissante & vengeresse de la nature.

Comment un homme d'esprit n'a-t-il pas vu que cette liberté d'acheter entraîne nécessairement avec elle la liberté de vendre ? comment n'a-t-il pas vu que défendre aux Bretons de vendre en Normandie, c'est défendre aux Normands d'acheter en Bretagne ? Je dis plus : défendre aux propriétaires, aux cultivateurs, aux marchands Normands de vendre hors de la Normandie, c'est défendre aux consommateurs

Normands d'acheter ailleurs qu'en Normandie : car si le consommateur juge à propos d'acheter ailleurs, que deviendront les productions de la Normandie? Il faudra bien les exporter, puisqu'elles ne trouveront plus de débit dans l'intérieur de la province. Si la loi qui gêne l'acheteur est contre la nature, décidez vous-même sur la défense qui gêne le vendeur.

On convient, dira-t-on, que la liberté de la circulation de province à province dans l'intérieur d'un royaume est une loi d'humanité, d'utilité, de nécessité : mais en est-il de même de royaume à royaume? Voyons. Lorsque la Bretagne achete ou vend en Normandie, quel intérêt a-t-elle en vue? Est-ce pour mon avantage que vous me vendez? est-ce pour mon profit que vous m'achetez, ou pour le vôtre? est-ce pour enrichir la Bretagne que les Normands y entretiennent des correspondances de ventes & d'achats réciproques? Non : chacune de ces provinces travaille pour soi; & si l'autre s'en trouve bien, c'est que la nature a établi cette loi universelle & irréfragable, qu'on ne peut véritablement faire son bonheur, sans faire en même tems celui de beaucoup d'autres. Par la loi de nature, il étoit donc utile & nécessaire à la Normandie de commercer avec la Bretagne, à la Bretagne de commercer avec la Normandie. Hé bien! supposez que par succession, par un mariage, ou bien par quelque autre arrangement politique, ces deux provinces se séparent & deviennent deux états différens; dites-moi, je vous prie, quel changement est-il arrivé dans le physique de ces deux provinces, pour que cette *mutualité* de ventes & d'achats, que la nature leur avoit rendu si utile & si nécessaire, puisse désormais déformais leur devenir inutile & funeste ? Je ne parle point des devoirs d'humanité, depuis que des Philosophes à grandes maximes nous ont appris que la sage politique consiste à chercher les fondemens de son bonheur dans le malheur de ses voisins.

Non, dira quelqu'un de plus sensé : j'abhorre ces maximes trop dignes de Machiavel ; mais convenez pourtant que, si la division naturelle & nécessaire des hommes en plusieurs sociétés ne change rien dans l'ordre de la justice, elle veut du moins que dans l'ordre d'intérêt chaque société fasse marcher le sien avant celui de toute autre. Fort bien. Si je voulois platoniser, je pourrois vous demander s'il est d'autre intérêt pour les hommes que celui de la justice ; c'est-à-dire, si chaque particulier, si chaque société, si la masse totale des hommes a d'autres moyens pour assurer, pour multiplier, pour perpétuer son bonheur, que de concourir tous ensemble, & chacun de son côté, à l'exécution de la loi universelle qui ordonne que l'abondance fournisse à la disette, que le pauvre vende ses travaux au riche pour en recevoir sa subsistance en échange ; loi qui ne pouvant avoir son effet que par la circulation, conclut par conséquent malgré vous, mais de vos propres principes, que la circulation ne peut jamais être ni trop rapide ni trop universelle. Je pourrois vous dire que l'intérêt de tout homme qui commerce, est assurément d'être environné de gens riches, qui puissent soutenir & récompenser son industrie par des salaires abondans ; qu'il n'y a rien à gagner avec les gens qui n'ont rien ; & qu'en un mot, dans toute situation, l'abondance veut des hommes qui puissent payer, de quelque maniere que ce ſoit, le ſuperflu que vous ne pourriez conſommer, & le beſoin, des riches qui vous offrent les ſecours néceſſaires à votre ſubſiſtance, en échange des jouiſſances que vous leur procurez par vos travaux.

Mais il faut que ces raiſonnemens ſoient d'une métaphyſique bien abſtraite, car je vois que les adverſaires de l'exportation n'ont pas encore pu les ſaiſir. Revenons donc à votre ordre d'intérêt. Voici votre raiſonnnement en deux lignes : La Normandie & la Bretagne ſont-elles gouvernées par un même roi ? l'exportation & l'importation réciproques ſont pour elles d'une utilité & d'une néceſſité premiere & indiſpenſable. Mais ſi elles ſont gouvernées chacune par ſon prince, ce n'eſt plus la même choſe, & chacune d'elles doit penſer à ſoi d'abord. Monſieur, de deux choſes l'une : ou bien la Normandie ſe nuiſoit pour être utile à la Bretagne qui le lui rendoit par le même moyen ; en ce cas, quitte à quitte, peine perdue, & dommage réel pour l'humanité : il n'étoit donc pas vrai que la nature eût rendu cette communication utile & néceſſaire. Ou bien chaque province trouvoit dans ce commerce ſon propre avantage, d'où réſultoit encore celui de l'autre ; enſorte que le contre-coup doubloit la ſomme des bénéfices. En ce cas, voici votre raiſonnement : Avant la ſéparation, chaque province trouvoit dans ſon commerce avec ſa voiſine, 1°. le bien qu'elle ſe créoit à elle-même, 2°. celui qu'elle recevoit par contre-coup du bonheur de l'autre. Après la ſéparation, elle doit ceſſer de ſe procurer ce double bonheur, parceque ſon intérêt doit marcher le premier.

Mais une nation étrangere peut avoir des préjugés d'intérêt exclusif : alors elle vous nuira. Comment ? En gênant vos ventes. Hé bien ! dans la disette elle ne trouvera point de ressources ; vous la laisserez souffrir la peine de sa folie, & vous irez ailleurs. En gênant vos achats ? Hé bien ! dans l'abondance, faute de ventes, les riches ne pourront payer les salaires des pauvres ; & dans tous les cas, ce peuple insensé tournera contre lui-même les bienfaits de la nature, ou en aggravera les fléaux. Vous, vous trouverez des sages ailleurs ; & si vous craignez de souffrir faute d'en trouver, quelle preuve plus complette voulez-vous encore de la vérité que je vous annonce ? Enfin, c'est apparemment la crainte de la disette qui veut limiter l'exportation dans le tems de l'abondance ? Hé bien, je vous mets au pis. Je suppose que dans un Etat comme la France, dont une grande partie est abandonnée aux friches, ou à une culture si foible qu'elle ne vaut guere mieux, une récolte abondante vous procure pendant quatre années, par exemple, dix millions de septiers de bled au-delà de votre consommation ; & je veux que vous soyiez assuré que les quatre années suivantes passeront en disette l'abondance des premieres récoltes, & que vous aurez chaque année un *deficit* de douze millions de septiers : vous prétendez qu'il faut garder le bled de l'abondance pour fournir aux besoins de la disette ! Moi je prétends que c'est pour cela qu'il faut vendre & tout vendre, & que tout ce qu'on réservera, sera en accroissement de disette, en augmentation de misere, & en multiplication de morts.

Je ne parlerai point des pertes qui peuvent survenir

dans la garde du bled. Arrêtons-nous aux articles essentiels, le défaut de rapport de vos richesses emprisonnées & soustraites à la circulation, & conséquemment le défaut de salaires. Qu'a fait votre belle prudence ? Vous avez gardé quarante millions de septiers de bled ; il vous en faut quarante-huit : où les prendrez-vous ? Le pauvre n'a point eu de salaires pendant l'abondance ; avec quoi voulez-vous qu'il achete ? & la nation n'a point vendu ; où voulez-vous qu'elle trouve des fonds pour subvenir à la misere ? Mais je vais plus loin. Ces quarante millions que vous avez gardés, il faut qu'ils sortent des mains des propriétaires pour nourrir la classe d'industrie. Avec quoi voulez-vous qu'elle les paie ? Pendant l'abondance, vous avez diminué le revenu des cultivateurs, des propriétaires, parceque la quantité d'une denrée qui ne trouve point de débouchés, en fait nécessairement baisser le prix. Or, lorsque le revenu de la terre diminue, il faut bien que l'impôt diminue ; autrement il écrase le cultivateur, & prépare des friches. Ainsi vous avez resserré les dépenses qui fournissoient tous les salaires de l'Etat, & conséquemment tous les moyens d'acheter. Voyez combien de malheureux vont périr par vos précautions homicides : insensé, qui vous êtes cru plus sage que la nature ! qui avez osé vous placer entre elle & le pauvre, pour arrêter, pour tarir la source des richesses qu'il auroit reçues de sa main bienfaisante ! Venez à son tribunal entendre les prieres vengeresses de tous ceux que vous avez tués ! venez y entendre le cri de ses entrailles maternelles pour tous ceux à qui vous avez arraché la vie, avant qu'ils l'eussent re-

50,000,000
12,000,000

50,000,000

285,000,000

	1.re année	
	200,000,000	150,000,000
50,000,000	2	
	50,000,000	38,000,000
12,000,000	3	
	50,000,000	3,800,000
12,000,000		
	12,000,000	9,000,000
3,000,000		
	4	
	50,000,000	38,000,000
12,000,000		
	12,000,000	9,000,000
3,000,000		
	12,000,000	9,000,000
3,000,000		
	3,000,000	2,000,000
1,000,000		

	2.e année	
	200,000,000	150,000,000
50,000,000	3	
	50,000,000	38,000,000
12,000,000	4	
	50,000,000	38,000,000
12,000,000		
	12,000,000	9,000,000
3,000,000		

	3.e année	
	200,000,000	150,000,000
50,000,000	4	
	50,000,000	38,000,000
12,000,000		

	4.e année	
	200,000,000	150,000,000
50,000,000		

	total	
	1,151,000,000	
285,000,000		866,000,000

çue ! venez ; si vous savez calculer, le compte sera bientôt fait. Vendez dans l'abondance vos dix millions de septiers ; à vingt francs le septier, cela fait deux cents millions. Supposez qu'on en emploie chaque année le quart en défrichemens ou en améliorations, dont nous évaluerons le rapport à cent pour cent, l'un portant l'autre, & que le reste soit distribué en jouissances de toute espece, & par conséquent en salaires ; voici le tableau de la reproduction. Les deux cents millions de bénéfice de la premiere récolte se partagent en deux : cent cinquante millions sont distribués par les cultivateurs & propriétaires en jouissances de nécessité ou d'agrément : cinquante millions restent employés à la culture ; ce qui renferme le paiement des journées des hommes attachés à cette classe, & les salaires des ouvriers de toute espece qui sont nécessaires à ses travaux. Ces cinquante millions se reproduisent la seconde année avec cinquante millions de bénéfice, qui sont employés de la même maniere ; savoir, trente-huit millions en jouissances, douze millions à la culture, & ainsi de suite. Je ne mets que douze millions pour rendre le calcul plus simple, & j'observerai la même chose dans la totalité du tableau, que j'ai cru devoir joindre ici pour rendre la vérité plus sensible.

Il résulte de ce tableau, qu'au moyen d'une bonne vente, à la fin des quatre années d'abondance, c'est-à-dire, avant que la disette soit même annoncée, l'Etat a préparé onze cents cinquante-un millions pour y fournir, dont deux cents quatre-vingt-cinq millions sont employés à diminuer cette même disette qui va venir : les huit cents soixante-six autres sont passés dans la classe d'induſtrie, pour la mettre en état d'acheter. Remarquez en paſſant, que parmi les dépenſes que le cultivateur conſacre à ſa culture, il y en a de deux eſpeces : les unes ſont conſommées abſolument pour être reproduites l'année d'après ; les autres ſervent à cette reproduction, mais ne ſont point anéanties, & demeurent dans la ſociété. Ceci eſt clair pour les perſonnes qui ſont au fait de ces matieres. Je m'explique pour ceux qui n'en ſont pas bien inſtruits. Lorſqu'un laboureur a dépenſé deux mille francs pour l'exploitation d'une charrue qui lui en rapporte cinq mille, c'eſt-à-dire, 1°. les deux mille francs d'avance, 2°. trois mille francs de bénéfice ; ſes dépenſes conſiſtent dans ſa conſommation, qui comprend ſa nourriture, celle de ſes domeſtiques, celle de ſes beſtiaux ; dans ſes engrais, dans l'entretien de ſes inſtrumens aratoires de toute eſpece, dans ſes ſemailles, dans le paiement de ſes journaliers, &c. &c. Or, cette partie de la dépenſe du cultivateur n'eſt point anéantie pour la ſociété, non plus que les dépenſes qu'il a faites entre les mains des ouvriers de toute eſpece qu'il a employés. Si vous évaluez cet article à un tiers, c'eſt encore ſoixante-trois millions qu'il faut ajouter dans le tableau aux huit cents ſoixante-ſix qui ſe trouvent répandus dans la claſſe d'induſtrie ; ce qui fait pour cette claſſe neuf cents vingt-neuf millions, & pour l'Etat douze cents quatorze millions préparés pour le tems du beſoin. Suppoſons maintenant que le bled monte, pendant les quatre années de diſette, de vingt à vingt-cinq, trente & quarante livres (ſuppoſition gratuite, & qui ne peut avoir lieu dans un Etat où le commerce jouira d'une pleine liberté, ainsi que je le prouverai bientôt ; mais enfin je veux bien l'accorder pour un moment), c'est en tout treize cents quatre-vingts millions avant la disette : l'Etat en a déja douze cens quatorze. Mais pendant ces quatre années, les deux cents quatre-vingt-cinq millions qui sont employés à la culture, rapporteront quelque chose. A vingt-cinq pour cent seulement, à cause des mauvaises années, c'est encore deux cents quatre-vingt-cinq millions au bout des quatre ans ; reste donc pour l'Etat, au bout de ces quatre années, cent dix-neuf millions de bénéfice au dessus de sa consommation, & par conséquent environ deux cents mille hommes d'accroissement à sa population, au lieu de deux millions que vous avez tués par le défaut de ventes.

(*b*) L'auteur de cette lettre semble avoir voulu dans cet endroit s'accommoder, par condescendance, aux idées tant rebattues par nos adversaires. Quoique le fond de cette phrase soit excellent, cependant la forme paroît donner à entendre que la cherté & la disette pourroient être quelquefois des effets de l'exportation considérée seule. Ce seroient véritablement de grands maux ; & si l'exportation pouvoit y donner lieu, sans doute on auroit droit de la redouter. Le judicieux défenseur du Gentilhomme Languedocien a raison d'assurer qu'on ne doit pas les appréhender, parceque l'importation est la contre-balance de l'exportation ; que, dans l'ordre de la loi, elle l'accompagne nécessairement, & que, dans l'ordre du commerce, elle doit la suivre naturellement. Mais enfin, on conclueroit peut-être de ce raisonnement, que l'exportation peut causer cherté & disette ; & que, si le mal n'eſt pas de longue durée parceque l'importation y remédie, encore faudra-t-il qu'on le ſente, parceque le remede ne vient qu'après le mal.

Je ſuis bien loin de penſer ainſi, & l'auteur de cette lettre a fait voir ailleurs qu'il étoit parfaitement d'accord avec moi. Je ſuis convaincu que, bien loin de produire la cherté & la diſette, l'exportation, même conſidérée toute ſeule, eſt contraire à la diſette, & produit néceſſairement l'abondance.

1°. L'exportation ne peut pas produire la cherté & la diſette. Exporter, ce n'eſt pas vendre tout votre bled à l'étranger ; c'eſt vendre tout ce que vous pouvez vendre avec profit. Pour cela, il faut que le prix du bled chez l'étranger ſoit aſſez au-deſſus du prix de votre royaume, pour que la vente vous procure, par-delà les frais de tranſport, un bénéfice plus conſidérable que vos marchands ne l'auroient trouvé dans le commerce intérieur ; bien entendu que dans l'article des frais du tranſport, vous ferez entrer les riſques de la perte, & le calcul de l'incertitude. Sentez-vous d'abord, que plus les frais de tranſport ſeront conſidérables, moins il vous ſera poſſible de faire ce commerce ? Secondement, voyez-vous que ſi la liberté indéfinie du commerce du bled ſe ſoutient à bon prix chez vous, il faudra que la cherté chez l'étranger devienne plus conſidérable, pour que votre vente puiſſe avoir lieu ?

Dans ce cas-là, pour que l'exportation puiſſe vous cauſer diſette, & conſéquemment cherté (car dans un pays libre la cherté ne peut être que la ſuite de la diſette), il faut que vous ayiez vendu aſſez pour participer à la diſette & à la cherté du pays avec lequel vous commercez. Or, comment cela peut-il arriver? Divisons le problême afin de le résoudre.

Ou bien il y a abondance par-tout, & besoin seulement dans les pays qui ne rapportent point de bled : alors vos ventes ne peuvent jamais être que médiocres, attendu la concurrence universelle.

Ou bien il y a abondance chez vous & dans quelques-uns des pays à bled, & disette dans quelques autres. Vous voyez bien que la concurrence ne vous permettra pas encore une vente excessive.

S'il y a abondance chez plusieurs peuples, disette chez d'autres, & médiocre année chez vous ; vous sentez bien que vous ne pouvez pas vendre tandis que vous avez des concurrens qui peuvent donner à meilleur compte.

Mais il est possible, dans ce cas-là même, que votre situation vous procure la vente par préférence, si les autres peuples ne peuvent apporter leur bled dans le même endroit, qu'avec des frais qui en augmentent considérablement le prix. En ce cas-là, d'abord vous profiterez d'une grande partie du bénéfice par l'épargne des frais ; ensuite vous n'acheterez jamais le bled chez vous au même prix que vous le vendez, ni même à beaucoup près : car en approvisionnant un pays disetteux, vous diminuez nécessairement le besoin, & conséquemment la cherté. Et dès que le prix de vos ventes sera baissé jusqu'à un certain dégré, il y aura plus d'avantage pour vos marchands à le vendre chez vous qu'à l'exporter. Car il y a trois choses qui font l'avantage du marchand, & par conséquent trois motifs qui le déterminent ; certitude de vente, réalité de gain, & promptitude de débit. Ainsi, plus vous aurez de marchands de bled, moins vous aurez à craindre que l'exportation ne vous cause disette & cherté; parceque plus vous aurez de marchands, plus chacun d'eux aura de concurrens à craindre dans le cas que vous venez de supposer; plus chacun d'eux aura de raisons pour ne point se dégarnir d'une marchandise qu'il se croira assuré de vous vendre bientôt avec un profit moindre à la vérité, mais plus sûr & plus prompt; par conséquent plus chacun d'eux sera réservé dans ses exportations: & cependant l'année s'avance, & la récolte va suppléer abondamment à ce que vous avez vendu. D'ailleurs, plus vous aurez de marchands, plus il s'en trouvera dans le nombre à qui la médiocrité de leur fortune ne permettra pas de grandes entreprises. Tous ceux-là sont autant de colomnes qui soutiendront le taux moyen dans l'intérieur de votre pays, parceque le marchand qui commence, celui dont la fortune n'est pas encore avancée, tranchons le mot, tout marchand, dans les pays que l'imprudence ou l'avarice du gouvernement n'a pas livrés à la rapacité des monopoleurs; tout marchand, dis-je, court au gain qui se présente: & ce n'est jamais que sur l'espoir du monopole, & avec le secours de ces fortunes immenses, créées par les égaremens de l'administration, qu'un commerçant peut négliger des profits médiocres, mais prompts & assurés, pour attendre l'occasion d'un gain exorbitant, mais éloigné & très incertain, si les erreurs du gouvernement n'avoient pas trouvé l'art funeste de l'assurer, aux dépens du peuple & du Roi. Or, qui est-ce qui multiplie les marchands, sinon la liberté d'exporter? Donc,

1°. l'exportation ne produit point la disette & la cherté.

2°. L'exportation, considérée toute seule, est contraire à la cherté. Ce qui fait cherté, ce n'est pas le défaut de quantité réelle dans la denrée; car celui-ci suppose disette, & disette est très rare dans un pays où l'exportation entretient une culture florissante; ou plutôt, disette est la chose impossible dans un Etat qui jouit d'une entiere liberté dans son commerce : & pour preuve je ne veux que la Hollande. Qu'est-ce donc qui fait la cherté? Le défaut de quantité apparente; c'est-à-dire que la cherté est toujours égale à la différence de la quantité réelle du bled à la quantité apparente. Qu'est-ce qui produit cette différence? qu'est-ce qui l'augmente? Le monopole. Qu'est-ce qui produit le monopole? Les prohibitions du gouvernement, & les terreurs populaires qui naissent des précautions effrayantes. Les unes ferment la porte aux honnêtes gens qui ne veulent pas se compromettre; les autres l'ouvrent aux fripons : c'est-à-dire que ces deux causes réunies, en anéantissant l'espérance d'un profit honnête & modéré, qui soutiendroit la denrée à un prix à peu près égal, comme dans toutes les autres branches du commerce, nécessitent les gains illégitimes & outrés. Pour remede à ce mal, que voulez-vous, Beaucoup de marchands, qui commercent en marchands, & non pas en fripons. Et pour avoir beaucoup de marchands, que faut-il faire? Détruire les prohibitions par la liberté, & les terreurs populaires qu'elles ont fait naître, par l'instruction & l'exemple. Donc, 2°. l'exportation est par elle-même contraire à la cherté.

3°. L'exportation par elle-même produit l'abondance. L'abondance conſiſte dans la quantité des denrées conſommables. L'exportation procure néceſſairement l'accroiſſement de cette quantité.

Aſſurer au marchand une vente prompte & profitable ; c'eſt l'unique & infaillible moyen de l'engager à ſe pourvoir abondamment d'une marchandiſe dont le débit eſt ſûr, prompt & lucratif. Le premier marchand de bled, c'eſt le cultivateur. L'exportation lui aſſure une vente prompte & utile ; donc l'exportation eſt le moyen infaillible d'engager le cultivateur à entreprendre des défrichemens & des améliorations de culture, qui lui procureront en plus grande quantité une denrée dont le débit ſûr & rapide ſera pour lui un nouvel accroiſſement de richeſſes. D'ailleurs, les premieres ventes ſont non ſeulement le motif, mais auſſi le moyen d'entreprendre, parcequ'elles lui fourniſſent un premier accroiſſement de richeſſes, ſans leſquelles on ne peut cultiver. Ainſi, 1°. l'exportation multiplie les ſubſiſtances dans les mains des cultivateurs, & conſéquemment dans celles des propriétaires. 2°. Il eſt une troiſieme claſſe d'hommes qui ne ſont ni propriétaires ni cultivateurs ; c'eſt la claſſe des hommes d'induſtrie, ſalariés par le cultivateur, le propriétaire & le gouvernement ; & pour ceux-ci, l'abondance conſiſte dans la facilité de ſe procurer les ſubſiſtances : or, c'eſt l'effet immédiatement conſéquent de l'exportation. Faire payer ſon induſtrie plus cher, cela n'enrichit point celui qui la vend, ſi le ſurcroît des dépenſes égale préciſément l'augmentation du bénéfice. Ainſi le journalier, par exemple, n'eſt pas plus riche lorſque ſes journées hauſſent d'un tiers, en même tems que les denrées ſe vendent un tiers de plus : mais il devient véritablement plus riche, ſi ces journées ſont payées plus ſouvent en même tems qu'elles ſont payées plus cher. Or, le cultivateur enrichi ne peut entreprendre des défrichemens, des améliorations, des travaux quelconques, ſans employer un plus grand nombre d'hommes : le propriétaire enrichi ne peut multiplier ſes jouiſſances ſans les acheter, & par conſéquent ſans employer un plus grand nombre d'hommes qui les lui vendent ; & l'impôt augmenté dans la même proportion, ne peut être dépenſé ſans être réparti ſur un plus grand nombre d'hommes. Mais le nombre des hommes n'augmente pas en un jour : donc un plus grand nombre d'hommes employés, c'eſt préciſément les mêmes hommes employés plus ſouvent : donc l'exportation, en procurant aux hommes d'induſtrie de toute eſpece un accroiſſement dans le prix de leurs travaux, les met au niveau de l'accroiſſement ſurvenu dans le prix des denrées. Mais en leur procurant plus de travaux, en multipliant l'emploi de leur induſtrie, elle les met au-deſſus : donc l'exportation facilite à la claſſe d'induſtrie les moyens de ſe procurer ſes ſubſiſtances : donc l'exportation par elle-même & conſidérée ſeule, produit néceſſairement l'abondance & le bonheur de tous.

Il ſe préſente ici une objection que je crois très naturelle, parcequ'elle m'a été faite par diverſes perſonnes. Comment l'augmentation du prix des denrées enrichit-elle le cultivateur & le propriétaire, puiſque l'augmentation des dépenſes égale préciſément l'augmentation du revenu ?

Si cela étoit vrai, il est évident, 1°. que cette augmentation feroit richesse pour le cultivateur & le propriétaire, jusqu'au niveau du prix chez l'étranger ; & cela est déja beaucoup. Ceux qui savent que toutes les denrées sont en proportion avec le prix du bled, sentiront aisément que, si le bled est en France au-dessous du prix courant chez l'étranger, toutes les denrées éprouveront la même infériorité. Ainsi, dans notre supposition, celui qui étoit obligé de donner à l'étranger douze septiers de bled, ou une quantité proportionnelle de toute autre denrée, parceque son bled ne valoit que douze francs, n'en donnera plus que six lorsque son bled vaudra vingt-quatre francs : il a donc la même quantité de marchandises chez l'étranger, & il lui reste six septiers de bled qu'il n'avoit pas avant, c'est-à-dire, la nourriture de deux hommes. 2°. Il est évident que cette augmentation fait toujours richesse dans la main du cultivateur, & par conséquent dans celle du propriétaire, tant qu'elle n'est pas portée au dégré qui en empêcheroit ou retarderoit le débit.

Dans le produit de la terre il y a deux choses à considérer ; la consommation du cultivateur, & ses ventes. La consommation n'a point de part au renchérissement ; ainsi ses dépenses n'augmentent point de ce côté-là : par conséquent, sur l'augmentation du prix de ses ventes, il n'a à payer de plus, que l'augmentation du prix des journées ; ce qui ne fait qu'un des articles de sa dépense. Si vous l'évaluez au tiers de sa dépense totale, il est clair que sur l'augmentation d'un tiers dans le prix de ses ventes, il a deux tiers de profit de reste : donc le propriétaire pourra augmenter sa ferme des trois quarts de ces deux tiers, ce qui le mettra au-dessus de l'augmentation arrivée dans sa dépense ; & l'autre quart restera en bénéfice clair pour le cultivateur.

Pour rendre ce raisonnement sensible aux personnes qui peuvent n'être pas assez versées dans ces matieres, prenons pour exemple une ferme en grande culture, dont le revenu total soit de vingt mille francs. Elle sera affermée huit mille francs, l'impôt compris, attendu qu'à mon avis on ne formera jamais un Etat florissant, tant que l'impôt ne sera pas unique & payé par le propriétaire. Il reste douze mille francs pour le fermier ; savoir, neuf mille pour ses avances annuelles, & trois mille pour ses intérêts & ses peines. De ces neuf mille francs, nous supposons qu'il y en a un tiers employé en paiement de journées de toute espece : nous assignons les deux autres tiers pour sa consommation. Cet article ne participe point au renchérissement, parcequ'il n'est point vendu : les deux autres y participent, aussi-bien que le prix du bail, car le laboureur vend tout ce qu'il ne consomme point ; & c'est le prix de cette vente qui fournit à ses dépenses. Ces trois derniers articles font ensemble quatorze mille francs, qui deviennent dix-huit mille six cents soixante-six livres par l'augmentation d'un tiers dans le prix de la vente. Ainsi, au lieu de trois mille francs destinés au paiement des journées qui vont augmenter d'un tiers, il faudra en assigner au fermier quatre mille. Dans ces trois mille francs mis à part pour les intérêts, & destinés à réparer les pertes causées par les accidens, il y en aura un tiers qui sera employé en journées (les deux autres ne partiticipent point au renchériſſement) ; c'eſt mille francs pour leſquels l'augmentation exige qu'on aſſigne un tiers de plus au fermier ; c'eſt trois cents trente-trois livres. Les huit mille francs du propriétaire doivent devenir dix mille ſix cents ſoixante-ſix livres, pour le mettre au niveau. Voici le tableau.

Avant l'augmentation.

Conſommation du fermier . . .	6000 liv.
Ventes du fermier	14000
Dépenſes en journées	3000
Intérêts	3000
Revenu du propriétaire	8000.

Après l'augmentation.

Conſommation du fermier	6000 liv.
Ventes du fermier	18666.

Il y a donc quatre mille ſix cents ſoixante-ſix livres à partager entre le propriétaire & le fermier. Mais, dira-t-on, les dépenſes ſont augmentées dans la même proportion ; or, qu'importe au cultivateur, qu'importe au propriétaire de retirer trois ou quatre mille francs de ſa terre, ſi après cette augmentation ils ne peuvent obtenir pour quatre mille francs que les mêmes travaux, les mêmes jouïſſances, qu'ils ſe procuroient précédemment pour trois mille francs ? La réponſe à cette difficulté demande pluſieurs obſervations. Je prie mes lecteurs de me ſuivre avec la plus grande attention : je me flatte que je les conduirai à une démonſtration complette.

1°. La plupart des baux ſont déterminés à une ſomme

somme d'argent; donc jusqu'au renouvellement des baux, le surplus obtenu par la vente reste entre les mains du cultivateur : ainsi, en suivant notre exemple, il reste au cultivateur, l'augmentation de ses dépenses défalquée, deux mille six cents soixante-six livres de bénéfice clair, comme il est aisé de s'en convaincre.

Consommation du fermier . . .	6000 liv.
Ventes du fermier	18666
Dépenses en journées, augmentées d'un tiers	4000
Intérêts augmentés d'un tiers . .	4000
Prix du bail	8000
Total	16000
Reste	2666.

A la vérité, ces deux mille six cents soixante-six livres ne tiendront lieu que de dix-huit cents quarante-huit livres, à cause de l'augmentation des dépenses; mais c'est toujours plus d'un huitieme de bénéfice qui demeure au cultivateur sur le prix de ses ventes : & si ce bénéfice s'emploie à la culture, c'est, dans l'exemple que nous avons pris, un cinquieme d'amélioration.

Mais, dira-t-on, ce bénéfice du cultivateur sera une lésion pour le propriétaire; car il restera avec le même revenu, & vous supposez ses dépenses augmentées d'un tiers. Ce contre-coup ne va-t-il pas retomber sur la classe d'industrie?

1°. Il est évident que le contre-coup n'est nullement à craindre pour la classe d'industrie, attendu que la masse des salaires demeure la même. La distribution n'est pas faite par les mêmes mains, mais elle est toujours faite : tout le changement qu'on apperçoit dans cet objet, c'est qu'une partie des dépenses qui se faisoient en luxe, c'est-à-dire, en jouissances de décorations, en sera détourné pour être porté en dépenses de reproduction ; que par conséquent une partie des hommes qui étoient contraints de se tourner vers cet objet, faute de trouver les cultivateurs en état de les employer, resteront attachés à la source des richesses désormais suffisantes pour les entretenir. Une partie même des derniers salariés de l'autre classe sera rappellée vers le cultivateur, par la certitude d'y trouver des salaires. Ainsi la classe productive trouvera tout à la fois, & les bras qui lui manquoient, & les richesses nécessaires pour les payer.

Quant au propriétaire, quel est l'homme sensé qui n'épargne pas volontiers quelque chose sur les jouissances de pur agrément, pour améliorer des fonds dont le revenu augmenté va lui rendre incessamment ces mêmes jouissances avec usure ? Je ne vois sur cet article qu'une seule différence pour le propriétaire, c'est que les dépenses d'amélioration ne passeront pas par ses mains : elles seront faites par le cultivateur, mais le profit n'en sera pas moins réel pour le propriétaire au renouvellement du bail. Si l'on veut compter pour une perte le désagrément de n'être pas soi-même le créateur de l'amélioration de son état, & d'être obligé de s'en rapporter à des gens beaucoup plus intelligens, & également intéressés au profit commun, je ne m'y oppose pas ; mais je défie qu'on y trouve un autre inconvénient.

Maintenant eſt-il vrai que les dépenſes du propriétaire & du cultivateur ſoient augmentées en proportion de l'augmentation du bled ? Non ; & il s'en faut même de beaucoup.

1°. Tout ce qui n'eſt pas objet de nourriture, a toujours joui dans le commerce, de la liberté qui n'a été juſqu'à préſent refuſée qu'aux vivres, préciſément par la raiſon qu'elle leur étoit plus néceſſaire qu'à toute autre choſe. Ainſi la libre concurrence des étrangers a porté ces objets à leur valeur vénale naturelle : s'ils n'y ſont pas encore parvenus totalement, ce *deficit* eſt dû aux obſtacles qui ont empêché les vivres de parvenir à la leur ; mais la différence ſur ces articles n'eſt nullement en proportion avec celle qui ſe trouve dans le bled : la preuve en exiſte évidemment dans la rapidité & l'immenſité des fortunes dont le commerce de ces objets fournit tous les jours de nouveaux exemples ; d'où il ſuit néceſſairement que les bénéfices étoient beaucoup au-deſſus de leur proportion naturelle avec les frais. Suppoſons donc que ces objets montent encore d'un neuvieme, ce qui eſt peut-être beaucoup, tandis que le cultivateur & le propriétaire trouvent un tiers de bénéfice dans leur vente ; la différence eſt deux neuviemes qui leur reſtent en bénéfice. Rappellez-vous qu'il n'y a point de contre-coup à craindre, attendu que ce qui n'eſt pas dépenſé d'un côté l'eſt de l'autre, & d'une maniere plus utile à l'Etat, parceque c'eſt un argent placé en intérêt de reproduction.

Mais puiſque les dépenſes du cultivateur & du propriétaire n'augmentent de ce côté que d'un neuvieme, il s'enſuit néceſſairement que les journées des ſalariés employés par le cultivateur & le propriétaire, n'ont besoin d'augmenter que de deux neuviemes ; car si nous supposons que, le bled étant à dix-huit francs, la journée de l'ouvrier soit à dix-huit sous, dont une moitié soit employée à sa nourriture qui va augmenter d'un tiers le bled montant à vingt-quatre francs, & l'autre en autres dépenses qui augmenteront d'un neuvieme ; le tiers de neuf sous est trois sous, & un sou pour le neuvieme de l'autre moitié, c'est quatre sous, ou deux neuviemes de sa journée : donc si on lui donne cinq dix-huitiemes, c'est-à-dire, cinq sous au lieu de quatre, il aura un sou, c'est-à-dire, un vingt-troisieme de bénéfice clair sur la totalité du salaire de ses travaux ; & ceux qui le paieront, auront aussi un vingt-troisieme de bénéfice sur leur dépense totale par rapport à cet objet, comparée avec leurs ventes.

Un autre objet d'enrichissement considérable pour l'Etat & pour tous les propriétaires & cultivateurs, ce sont les rentiers en argent. Ce qui n'étoit vendu que trois mille francs, le sera quatre mille : mais le rentier à qui l'Etat, le propriétaire ou le cultivateur devoit trois mille francs, ne recevra que ses trois mille francs ; ainsi il restera mille francs de bénéfice clair sur cet objet ; & cet objet, considéré seulement dans son rapport aux dettes de l'Etat, est un article de cinquante-huit millions de bénéfice, dont il n'y a point de contre-coup à craindre, parceque la dépense restera toujours la même dans sa totalité, & que la différence qu'on y remarquera, ne consistera, comme nous l'avons déja dit, qu'en ce qu'elle sera portée vers la reproduction, & que par conséquent ces mêmes rentiers retrouveront dans leur part à la richesse générale, ce qu'ils paroîtroient avoir perdu ſur leur richeſſe particuliere.

Si vous joignez à cela le bénéfice de la mouture économique, vous verrez, 1°. que le cultivateur épargne un tiers environ ſur la conſommation relative à cette denrée ; que ce tiers, mis dans le commerce avec l'étranger, lui procure un nouveau tiers de bénéfice ſur cet objet.

2°. Que la dépenſe de ſes ſalariés n'augmentant point ſur cet article, au lieu de cinq dix-huitiemes d'augmentation, le ſalarié peut n'en recevoir que trois, & qu'il aura néanmoins deux vingt-uniemes de bénéfice ſur la totalité de ſes ſalaires ; & le cultivateur qui l'emploie aura trois vingt-uniemes de bénéfice ſur la totalité de ſa dépenſe relativement à cet objet.

3°. Que l'impôt augmenté d'un tiers, l'Etat n'aura aucune augmentation à ſupporter dans ſes dépenſes pour le pain de ſes ſoldats & des autres ſalariés qu'il nourrit ; que l'augmentation relative aux objets d'induſtrie qui ne ſont qu'une partie de ſes dépenſes, ne ſera que d'un neuvieme.

4°. Enfin, en ſuppoſant que ſur la totalité des frais du fabricant, entrepreneur de manufacture, ou commerçant, il y en ait un neuvieme employé en achats de matiere premiere, & les huit autres en paiemens de journées, nous avions compté un tiers d'augmentation ſur le premier article, & cinq dix-huitiemes ſur le ſecond ; & pour dédommagement nous ne lui avions aſſigné qu'un neuvieme de plus ſur la vente totale, au moyen de quoi il y avoit une diminution aſſez conſidérable ſur le bénéfice :

mais maintenant, ſur la totalité de ſes dépenſes en ſalaires, il faut retrancher deux vingt-uniemes; ainſi la perte qui ſembloit en réſulter, ſe trouve diminuée de près d'un dixieme, ſans compter que le bénéfice qu'il ne trouvera plus ſur le prix de la vente, il le retrouvera amplement ſur l'augmentation de débit, & pour la quantité & pour la célérité. Car enfin, les richeſſes ſe multipliant par la reproduction, il faut bien qu'elles s'emploient. Ainſi le commerçant retrouvera dans la richeſſe générale de l'Etat, ce qu'il paroiſſoit avoir perdu dans ſa richeſſe particuliere, comme je l'ai dit au ſujet des rentiers. Mais j'avoue que le calcul n'a point de priſe ſur ces derniers, attendu que le dédommagement qu'ils y trouveront, dépend de l'accroiſſement progreſſif des richeſſes de l'Etat, qui eſt incalculable, & de la maniere dont ils emploieront leurs richeſſes particulieres, qui eſt indéterminable.

Donc il eſt démontré que cette augmentation, lorſqu'elle eſt produite par la liberté du commerce, eſt le bien général de l'Etat & des particuliers.

(*c*) La préciſion n'appartient qu'à la vérité; l'erreur a pour apanage l'obſcurité, la confuſion des dées, & par conſéquent l'abus des mots. Ce n'eſt pas ſeulement la diſette que les adverſaires de l'exportation confondent avec la cherté, ils confondent enſuite la cherté avec le hauſſement du prix des denrées, le hauſſement du prix avec la conſtance d'un bon prix toujours ſoutenu, ou du moins ne s'élevant que par une progreſſion lente & uniforme. Aprè cela, de tous ces mots mal entendus, on fait ce raiſonnement : L'exportation augmente le prix des denrées ; augmentation c'est cherté ; cherté c'est disette : donc l'exportation amene la disette. Puis de l'autre côté, on confond bon marché avec bas prix, bas prix avec facilité d'acheter ; & on fait cet autre argument : Puisque la liberté d'exporter augmente le prix des denrées, les prohibitions le font baisser ; baissement de prix c'est bon marché ; bon marché, c'est facilité d'acheter ; facilité d'acheter c'est abondance : donc les prohibitions amenent l'abondance.

Si ces raisonnemens sont vrais, pourquoi donc avons-nous eu des chertés si fréquentes ? car nous avons toujours été sous cet empire si bienfaisant des prohibitions. On ne parle de liberté que depuis quelques années ; on ne l'a point encore obtenue ; & les ennemis de l'exportation ne considerent pas assez, ce me semble, combien ils sont en contradiction avec les faits, en voulant attribuer pour l'avenir à l'exportation, tous les maux qu'on a soufferts dans les tems où elle n'existoit point. Il faut donc que ces raisonnemens soient faux. Je viens de le démontrer dans la note précédente. Et pourquoi le sont-ils ? Parcequ'on attache les mêmes idées à des mots dont les significations sont très différentes ; parcequ'on unit des choses non seulement très éloignées, mais même incompatibles ; cherté avec bon prix, bon marché avec bas prix. Tâchons donc de fixer les idées, & de les fixer d'une maniere sensible, afin que personne ne puisse désormais, ni être trompé, ni en imposer aux autres.

La cherté est l'affaire de l'acheteur ; demandez-lui donc en quoi elle consiste : & nous auront tort, s'il ne vous répond pas que la cherté consiste, non dans le prix des objets de ſa conſommation, mais dans la diſproportion de ſon revenu avec le prix de ces mêmes objets. De l'autre côté, interrogez le marchand : il vous dira que le bon prix de ſes marchandiſes, c'eſt le prompt débit, avec un bénéfice proportionné à ſes frais, à ſes peines, à ſes riſques. Je ſais que le monopoleur n'a pas beſoin d'un débit ſi rapide : ſon habileté à affamer une province, l'art de lui faire éprouver tous les maux de la diſette au ſein de l'abondance ; cet art funeſte qui doit ſa naiſſance aux prohibitions, & qui périra avec elles ; cet art dont les maîtres applaudiſſent en ſecret à nos adverſaires ; cet art homicide peut bien lui procurer un gain aſſez exorbitant ſur une partie de ſes denrées, pour qu'il puiſſe ſacrifier avec profit ce que l'excès du prix ne lui permettra pas de vendre. Mais je ſais auſſi que ces gains énormes ne ſont poſſibles qu'au monopoleur ; & nous avons prouvé cent fois que le monopole ne peut exiſter avec la liberté. Il s'agit donc ici du commun, du gros des marchands ; & pour ceux-ci, le prompt débit n'eſt pas ſeulement néceſſaire, c'eſt encore la plus grande partie du bénéfice. Or, comment voulez-vous que le marchand trouve un prompt débit, ſi le conſommateur manque de moyens pour acheter ? Donc, 1°. cherté & bon prix ſont incompatibles. Vous convenez, & vous ne pouvez vous empêcher de convenir, que l'exportation procurera néceſſairement le prompt débit ; donc l'exportation procurera le bon prix, & non pas la cherté, comme je l'ai démontré dans la note ci-deſſus. Mais l'exportation fera hauſſer le prix des denrées. Oui, juſqu'au niveau des prix étrangers ; & je vous ai démontré que cela fait richeſſe pour le cultivateur & le propriétaire, en deux manieres, 1°. en diminution de perte dans les échanges néceſſaires avec ces mêmes étrangers, 2°. en accroiſſement de revenu, ſupérieur à l'accroiſſement des dépenſes. Je vous ai démontré auſſi que cela fait richeſſe pour la claſſe de ceux qui ne ſont ni cultivateurs ni propriétaires, parceque, d'un côté, ils font payer leur induſtrie davantage, ce qui les met au niveau de l'augmentation du prix des denrées; & de l'autre, ils trouvent néceſſairement l'occaſion de l'employer plus ſouvent, au moyen de quoi l'augmentation de leurs revenus devient ſupérieure à l'augmentation de leurs dépenſes.

Au-delà du niveau avec les prix étrangers, l'exportation ne peut pas hauſſer vos denrées, à moins que le prix de votre royaume n'entraîne le prix des étrangers; ce qui ſuppoſe qu'ils dépendent de vous pour les achats, plus que vous ne dépendez d'eux pour les ventes. Mais cela n'eſt poſſible que dans un état de proſpérité floriſſante : & ſi l'exportation l'amene, quelles précautions voulez-vous encore prendre contre la ſource de votre bonheur? Encore, voulez-vous ſavoir ſa marche, afin que vous ne craigniez pas qu'elle détruiſe ſon propre ouvrage? Car de quoi ne peut pas s'effrayer un enfant bercé de contes d'eſprits, de ſorciers & de revenans! D'abord elle fera naître l'abondance; celle-ci multipliera la population; la population augmentée multipliera les conſommations; la vente rapide enrichira le cultivateur & le propriétaire; ceux-ci enrichiront l'homme d'induſtrie; l'abondance augmentera de nouveau. Continuez le cercle, & voyez les limites du bonheur ſe reculer pour vos citoyens, aussi loin que peut s'étendre la fertilité de la terre. Eh! qui sait où s'arrêtent les ressources de la nature & de l'art? Voilà la différence qu'il y a entre cherté & bon prix.

Elle n'est pas moins grande entre bon marché & bas prix. Ce n'est pas dans la denrée qu'il faut chercher le premier. Le riche achete toujours bon marché, le pauvre toujours cher. Le bon marché est dans la bourse du consommateur. Si son travail lui procure au-delà de ses dépenses, de quoi se préparer une vieillesse tranquille, il vit à bon marché; sinon, loin d'acheter à bon marché, il ne vit point; ou s'il vit, ses enfans ne vivent point; il craint d'en avoir; & malheur à lui s'il en avoit, malheur à ses enfans, malheur à l'Etat, dont ils ne peuvent devenir que les fléaux. Mais comment peut-il trouver ces ressources dans son travail? Lorsqu'il sera environné de gens riches, en état de le bien payer & de l'employer souvent; c'est alors qu'il y aura abondance pour lui. Or, je vous demande si cette hypothese s'accommode avec le bas prix des denrées. Si cela est, travaillez de tout votre pouvoir à le faire baisser encore davantage: sans doute vous augmenterez l'abondance; car plus le prix des denrées baissera, plus le bénéfice de la culture diminuera en comparaison des frais. Car vous savez sans doute qu'il y a une partie des frais qui ne participent ni à la diminution ni à l'augmentation des prix. Si c'est là le moyen d'encourager la culture, d'engager un plus grand nombre d'hommes à y consacrer leurs richesses, leurs talens & leurs travaux; c'est sans doute aussi le moyen d'amener l'abondance. Mais si baisser le prix des denrées, c'est diminuer le bénéfice de la culture ; ſi diminuer le bénéfice de la culture, c'eſt en détourner les richeſſes, les talens & les travaux ; ſi décourager la culture, c'eſt diminuer le revenu des propriétaires ; ſi diminuer le revenu des propriétaires, c'eſt diminuer l'emploi de l'induſtrie & le prix de cet emploi ; voyez ſi l'homme d'induſtrie, qui ne vit à bon marché que quand il eſt bien payé & ſouvent employé, trouvera, comme vous, le bon marché dans le bas prix.

Je m'attends que vous allez rétorquer mon argument, & que vous me direz, en ſuivant ma marche : Si le bon prix amene l'abondance, meilleur prix doit l'augmenter. Je vois votre deſſein ; vous voudriez me faire dire que les denrées ne ſauroient être vendues à trop haut prix, afin de me dénoncer enſuite au peuple, comme ſon ennemi. Je le veux bien ; car ce peuple m'entendra, tout peuple qu'il eſt, parceque je lui parlerai d'une maniere préciſe, & que je n'abuſerai point des mots. Oui, j'accorde que le meilleur prix doit amener plus grande abondance : mais prenez garde ; meilleur prix ne conſiſte pas à vendre plus cher, mais à vendre plus grande quantité, & plus promptement. Le hauſſement du prix, c'eſt-à-dire, le rétabliſſement des denrées à leur prix naturel, doit néceſſairement marcher le premier : mais cette augmentation ſe limite elle-même, parceque commercer, c'eſt vendre & acheter ; & par conſéquent le commerce ne peut jamais, ſans une force ſupérieure & contraire à ſa nature, amener un accroiſſement de prix qui nuiſe à la promptitude du débit. Ainſi, tant que le commerce ſera laiſſé à lui-même, l'augmentation du prix des denrées demeurant néceſſairement dans les bornes qu'il ne peut franchir, produira néceſſairement les effets que je vous ai détaillés ci-deſſus. Et voilà ce que c'eſt que bon prix & bon marché.

(*d*) Cet article eſt bien plus important qu'il ne le paroît aux adverſaires de l'exportation. Etablir ce taux moyen dans l'intérieur du royaume, c'eſt le ſeul moyen de procurer également l'avantage de toutes les claſſes des citoyens, qui ſont toutes également victimes de l'inégalité des prix.

Pour établir ce taux moyen, la liberté intérieure ne ſuffit point ſans la liberté extérieure, c'eſt-à-dire, ſans la liberté pleine, entiere & indéfinie de l'exportation & de l'importation. Deux propoſitions qu'il faut démontrer : L'inégalité des prix nuit également à toutes les claſſes du royaume : la liberté abſolue du commerce peut ſeule y remédier.

1°. Les adverſaires de l'exportation ſont accoutumés à combiner enſemble pluſieurs années de ſuite, & à prendre un moyen terme entre deux extrêmes également éloignés, pour en faire ce qu'ils appellent le prix moyen. Ainſi, le bled s'eſt vendu depuis douze francs juſqu'à trente pendant pluſieurs années; le moyen terme eſt vingt-un : & on raiſonne comme ſi le bled s'étoit conſtamment vendu vingt-une livres, ou du moins comme s'il étoit indifférent pour le cultivateur, pour le propriétaire, pour la claſſe d'induſtrie, d'avoir vendu & acheté tantôt douze, tantôt trente, ou d'avoir conſtamment vendu & acheté vingt-une livres. Or cette ſuppoſition n'eſt vraie ni pour les uns ni pour les autres.

Premiérement, cela n'eſt pas vrai pour le cultivateur, ni conſéquemment pour le propriétaire. Pour que cela fût vrai, il faudroit, 1°. que les différences des prix fuſſent en progreſſion uniforme, 2°. que le cultivateur eût vendu autant dans chaque variation.

Or, cette uniformité n'a jamais exiſté & n'exiſtera jamais dans un commerce ſoumis à des loix arbitraires; loix dont l'application ne ſera déterminée, dont l'exécution ne ſera faite, que par un petit nombre d'hommes appuyés d'une autorité également arbitraire, & par conſéquent triplement intéreſſés, par la facilité, par l'énormité du gain, par l'impunité à exercer leurs fonctions en tyrans ou en fripons.

Le Magiſtrat de normandie ne paroît pas avoir aſſez réfléchi ſur cet objet particulier. C'eſt toujours ſur des marchés de grande ville qu'il établit ſes calculs. Je conviens que ce procédé ſeroit peu ſujet à illuſion dans l'état de liberté; mais il n'en eſt pas de même dans l'état des prohibitions, qui ouvrent la porte à toutes les manœuvres des monopoleurs, diſons mieux, qui créent le monopole. Cette uniformité dans l'augmentation ou dans la diminution des prix pourroit ſe faire remarquer dans quelques marchés apparens, ſans qu'elle exiſtât réellement dans le royaume. Qui ſait combien de raiſons pourroient déterminer les gens à manœuvres à répandre ſur leurs conduite ces nuages propres à tromper des yeux qui ne ſont point accoutumés à pénétrer? Mais ce n'eſt pas un marché, ni même pluſieurs marchés qui décident cette uniformité; ce ſont tous les marchés du royaume, ce ſont tous les marchands de la premiere main, c'eſt-à-dire, tous les cultivateurs: en un mot, c'eſt dans la vente univerſelle qu'il faut la chercher;

& c'eſt là que j'attends les gens qui ne voient jamais qu'une ville, qui ne ſont occupés que d'une ville, comme ſi l'Etat exiſtoit dans Paris, dans Rouen, dans Toulouſe, & non pas dans la campagne qui les nourrit, & qu'on compte toujours pour rien.

2°. Quand même on ſuppoſeroit cette uniformité poſſible, quand on voudroit ſe laiſſer perſuader qu'il n'exiſte point de ces manœuvres deſtructives, contre leſquelles nous nous élevons ſans ceſſe, que ſuivroit-il de là ? que le cultivateur ſeroit auſſi avancé après avoir eſſuyé toutes ces variations, que s'il avoit toujours vendu au prix moyen ? Cela n'eſt pas vrai. S'il n'y a point de manœuvres, le bled ne renchérit qu'en proportion de ce que la quantité diminue. Or, dans ce cas, la différence eſt très ſenſible pour le cultivateur : & pour le prouver, ſuppoſons une ſuite de ſept années, par exemple, pendant leſquelles le bled augmente de prix, tandis qu'il diminue de quantité, de façon même que le renchériſſement mette le cultivateur au-deſſus de ce qu'il perd ſur la quantité ; c'eſt le cas le plus favorable à nos adverſaires. Le cultivateur vend la premiere année trente ſeptiers ſur le pied de douze francs ; la ſeconde année, vingt-ſept ſeptiers ſur le pied de quinze francs, & ainſi de ſuite juſqu'à la ſeptieme année où il vend douze ſeptiers ſur le pied de trente francs : je dis qu'il auroit eu plus de profit à le vendre toujours à vingt-un francs, qui eſt le prix moyen entre douze & trente : & pour en avoir la démonſtration, il ne faut que jetter les yeux ſur les colomnes qui ſuivent.

30 septiers à	12 liv. font	360 l.	à 21 l. font	530 l.
27	15	405	21	467
24	18	432	21	504
21	21	441	21	441
18	24	432	21	378
15	27	405	21	315
12	30	360	21	252
Total		2835	. . . . .	3087.

Il y a donc sur cette petite quantité deux cents cinquante-deux livres de bénéfice pour le cultivateur, à vendre à un prix constant, & par conséquent deux cents cinquante-deux livres à perdre par les variations, sans compter l'intérêt du bénéfice des premieres années. Et remarquez que ce bénéfice du cultivateur ne coute rien à chaque consommateur; car mettez chaque consommateur à trois septiers par an, & rétablissez les colomnes,

3 septiers à	12 liv. font	36 l.	à 21 l. font	63 l.
	15	45	21	63
	18	54	21	63
	21	63	21	63
	24	72	21	63
	27	81	21	63
	30	90	21	63
Total		441	. . . . .	441.

Ainsi, 1°. il n'y a rien à gagner pour le consommateur sur les variations du prix, lorsqu'il y a beaucoup à perdre pour le cultivateur : 2°. voici ce qu'il y a à perdre pour le consommateur qui ne vit que de ses talens & de ses travaux. Lorsque le bled est à trop bas prix, les cultivateurs & les propriétaires font peu travailler, parceque leur revenu est peu considérable : ainsi il y a moins d'hommes employés ; & ceux qui le sont, le sont moins souvent ; par conséquent ils ont moins de moyens de se procurer cette denrée qui est à si bon marché. C'est ce qui arrive dans tous les pays où le défaut de liberté empêche les bonnes ventes : le pauvre y meurt de misere, parceque ne possédant rien, il ne peut vivre qu'en vendant ses bras & son industrie ; & personne n'en veut, parceque personne n'a de quoi les acheter. Lorsque la disette fait renchérir la denrée, tous les gens médiocrement riches resserrent leurs dépenses, & l'emploi de l'industrie devient encore rare par ce retranchement ; & de toutes façons, il y a perte réelle pour celui qui n'est pas propriétaire ou cultivateur. Si le bled s'étoit soutenu à un prix toujours égal, outre le bénéfice que nous venons de calculer sur la vente totale, le profit du cultivateur pendant les premieres années l'auroit mis en état d'améliorer sa culture, d'en entreprendre de nouvelles : il y auroit donc eu plus de terres en rapport, & le rapport de chaque terre auroit été plus considérable. Ainsi, dans les bonnes années les cultivateurs & les propriétaires plus riches auroient fait travailler davantage : les mauvaises années ne se seroient point fait sentir ; elles n'auroient point occasionné ce retranchement de dépenses si funeste à la classe des salariés ; ou du moins, le peu qu'il y en auroit eu auroit été compensé d'avance par le surcroît de salaires obtenus dans les

bonnes.

bonnes. Tel eſt le bénéfice que la conſtance du prix procure à toutes les claſſes du royaume : telles ſont les pertes qui réſultent néceſſairement de la variation des prix.

En ſecond lieu, j'ai dit que la liberté abſolue de l'exportation & de l'importation étoit le ſeul moyen d'y remédier : en voici la preuve.

J'ai démontré ci-deſſus que l'exportation étoit contraire à la cherté générale ; donc elle eſt auſſi contraire à la cherté particuliere. Je ne crois pas avoir beſoin de démontrer qu'elle empêche les denrées de tomber à bas prix ; donc elle prévient également les deux extrêmes ; donc elle maintient la vente au taux moyen.

Mais dans ce prix moyen ne peut-il pas y avoir des inégalités ? Oui : il peut y avoir deux ſortes d'inégalités ; les unes rapides, inſtantanées & variables, telles qu'on en éprouva toujours dans tous les pays privés de la liberté que je demande. Celles-ci ne peuvent avoir lieu avec l'exportation, car j'ai prouvé que l'exportation amene néceſſairement l'abondance : or, dans l'abondance les inégalités ſenſibles ne peuvent provenir que de la diſproportion de la quantité apparente avec la quantité réelle ; & j'ai fait voir que cette diſproportion n'exiſte que par le monopole, le monopole que par les prohibitions qui empêchent le grand nombre des marchands ; donc l'exportation remet la quantité apparente au niveau de la quantité réelle ; donc l'exportation détruit les inégalités rapides, inſtantanées & variables. L'autre eſpece eſt celle qui naît d'une augmentation lente &

uniforme dans le prix des denrées ; augmentation qui ſuit néceſſairement les gradations de l'abondance & de la population. J'ai fait voir que ſon effet étoit un accroiſſement également uniforme dans la félicité publique & particuliere. Donc, 1°. l'exportation détruit les inégalités funeſtes, pour ne laiſſer ſubſiſter que les accroiſſemens fortunés qu'on remarque dans tous les ouvrages de la nature.

2°. L'exportation eſt la ſeule qui puiſſe procurer cet effet, & la liberté intérieure ne ſuffit pas ſans elle. Telle eſt la ſeconde partie de ma propoſition, & ce qui me reſte à démontrer.

J'ai prouvé dans ma premiere note, qu'il en eſt exactement des royaumes étrangers comme des provinces d'un même empire. L'exportation de province à province eſt la ſeule choſe qui puiſſe entretenir la proſpérité de chacune d'elles ; donc l'exportation de royaume à royaume eſt la ſeule choſe qui puiſſe entretenir leur proſpérité réciproque.

J'ai prouvé encore que gêner les ventes, c'eſt gêner les achats : j'ai montré combien l'un & l'autre ſont contraires à la nature. Peut-on ſe perſuader qn'un tel procédé puiſſe nous procurer le bonheur auquel la nature nous deſtine ?

Il eſt aiſé de ſentir quelles conſéquences on peut tirer de ces deux principes en faveur de ma propoſition ; mais je veux entrer dans le détail, & je dis : La liberté intérieure du commerce des bleds, conſidérée ſeule & ſans la liberté extérieure, ne ſuffit point pour détruire le monopole : ſeule & ſans le ſecours de la liberté exrérieure, elle ne ſuffit point pour multiplier les marchands : ſeule & ſans la liberté extérieure, elle ne ſuffit point pour prévenir les chertés dans une province diſetteuſe.

1°. La liberté intérieure, ſeule & conſidérée ſans exportation, laiſſe ſubſiſter les prohibitions ; donc elle met néceſſairement le commerce ſous l'inſpection de commis & autres gens de cette eſpece. Ceux-ci, revêtus de l'autorité, voient à côté de l'abus, de la colluſion, de la vexation, la facilité, l'énormité, l'impunité du profit ; comment veut-on qu'ils ne ſoient pas tyrans ou fripons ? & que peut-on imaginer de plus favorable au monopole ? Je n'inſiſterai pas ſur cet article ; la vérité en eſt palpable. Nous l'avons dit cent fois. Il n'y a jamais eu de réponſe ; il n'y en aura point.

2°. La véritable & unique façon de détruire le monopole, c'eſt de multiplier les marchands & d'encourager leurs ſpéculations : or, c'eſt ce que ne fera point la liberté intérieure ſans le ſecours de la liberté extérieure. Suppoſons qu'un marchand de ce pays ſoit tenté d'envoyer des bleds en Guienne, parceque ſes correſpondans lui ont appris qu'il y a quelque profit à faire : voyons quel raiſonnement il peut faire. Il faut que j'achete des bleds, que je les faſſe deſcendre ſur la Seine, par exemple, pour arriver au Havre ; là, je les embarquerai : mais avant que mon bled ſoit parvenu au Havre, peut-être le port ſera fermé. Il n'achetera pas. Il y a remede à cela, dit-on ; le port ne ſera fermé que pour le tranſport chez l'étranger. Et qui vous aſſurera que le bled qui ſort n'eſt pas pour l'étranger ? Un acquit à caution. Ah ! voilà où je vous attendois. C'eſt votre derniere reſſource : vous allez voir combien elle eſt utile.

D'abord, les gens chargés de cette inſpection peuvent être intéreſſés, ou par eux-mêmes, ou par des gens qui les paient, à empêcher ces ſpéculations. Jugez combien de retardemens, de tracaſſeries, de vexations ils feront eſſuyer aux marchands qui ſe préſenteront. On ſe plaindra, direz-vous. Eh, Monſieur! ne ſavez-vous pas qu'un particulier a toujours tort contre un homme revêtu de l'autorité ? Ne croyez pas qu'un marchand s'y expoſe.

D'ailleurs, votre acquit à caution fixe la deſtination du bled pour tel lieu : mais qui répondra au marchand que le bled ne ſera pas baiſſé à Bordeaux quand il y arrivera ? S'il y avoit liberté abſolue, il pourroit riſquer l'événement d'après des conjectures probables : & ſuppoſé qu'en arrivant il trouvât le bled à trop bas prix pour vendre le ſien avec profit, 1°. ce ſeroit une preuve que l'abondance n'a pas beſoin de vos précautions, puiſqu'elle s'y trouveroit arrivée ſans vous : 2°. il pourroit porter ſon bled ailleurs, & chercher ſon bénéfice d'un autre côté. C'eſt le riſque que courent tous les ſpéculateurs dans l'état de liberté, & cela n'effraie perſonne : mais avec votre acquit à caution il ne peut plus le porter ailleurs ; il faudra donc qu'il vende à perte, & peut-être à celui qui aura ſu retarder ſon voyage, & à qui il verra enſuite frapper une médaille pour prix de ſa friponnerie. Croyez-vous qu'aucun marchand veuille être votre duppe ?

3°. D'après ces raiſonnemens, il eſt aiſé de juger

ce que peut faire une ſociété d'hommes riches qui voudront s'aſſurer un profit immenſe aux dépens d'une province malheureuſe en récoltes. Poſons la Normandie, puiſqu'elle a été dans le cas. Les provinces méridionales ont eu des récoltes abondantes, & par le moyen de la mer la Normandie pouvoit en recevoir des ſecours : mais on va dans ſes ports ; on les fait fermer.

N'objectez point vos défenſes. Ce qu'un homme n'aura pas la permiſſion de faire par lui-même, il le fera, déguiſé ſous trente noms différens. D'ailleurs, s'il eſt riche, la loi ne ſera pas contre lui ; & vous devez ſentir que vos précautions ſeront toujours en défaut. Vos ports ſont donc fermés. Croyez-vous que les marchands de Guienne & autres lieux aient envie de venir ſe mettre ſous votre *férule* ? Vous voyez bien que vous avez privé la Normandie d'un ſecours qui ne pouvoient lui manquer ſans vous, & que vos précautions l'ont livrée à la merci des monopoleurs. On fera venir du bled de l'étranger. Ne valoit-il pas autant le prendre chez vous ? Vour auriez approviſionné la Normandie auſſi aiſément, auſſi ſurement : votre argent ſeroit reſté chez vous ; & en procurant une bonne vente à vos provinces méridionales, vous les auriez miſes en état de vous fournir dans la ſuite des ſecours encore plus conſidérables. Pourquoi aimez-vous mieux procurer ce double bénéfice à l'étranger ? D'ailleurs, comment prétendez-vous tirer ces bleds de l'étranger ? Quand vos ports ſeront fermés, croyez-vous qu'il y entre pour ſe mettre à votre merci ? Le gouvernement, dit-on, en fera venir.

Mais, outre le danger que je vous ai déja montré dans ces opérations du gouvernement, de trois choses l'une; ou il y a profit, ou il y perte, ou il n'y a ni l'un ni l'autre. Si c'est le dernier cas, le gouvernement sera toujours maître de le faire : il ne faut point de prohibitions; elles ne peuvent servir qu'à multiplier les occasions où ces ressources deviendront nécessaires. S'il y a profit, de bonne foi le marchand a-t-il besoin du gouvernement pour recevoir l'ordre de s'enrichir? S'il y a perte, qu'est-ce qui mettra le gouvernement en état de faire cette dépense de surcroît, quand il ne peut pas subvenir à ses dépenses courantes? Les impôts. C'est-à-dire qu'on fera payer d'avance aux malheureux le bled qu'on leur vendra ensuite; au moyen de quoi ils le paierout deux fois. Et c'est là ce que vous appellez approvisionner une province! Ah! vous méritez la médaille.

Combien de choses j'aurois encore à dire sur certain article que je n'ai fait qu'effleurer! Mais je crois qu'en voilà assez pour convaincre, & c'est mon unique but. J'espere que l'honnête Magistrat à qui s'adresse cette lettre, ne nous tiendra pas la promesse qu'il nous a faite. Quant à moi, je proteste avec sincérité que je suis prêt à embrasser son sentiment, s'il réfute mes raisonnemens & me démontre que mes calculs sont faux.

FIN.

www.ingramcontent.com/pod-product-compliance
Lightning Source LLC
LaVergne TN
LVHW020041170826
845678LV00001B/374
9782329698526